EL PRONÓSTICO DEL TIEMPO

HIELO

Un libro de Las Raíces de Crabtree

DOUGLAS BENDER
Traducción de Pablo de la Vega

CRABTREE
Publishing Company
www.crabtreebooks.com

Apoyos de la escuela a los hogares para cuidadores y maestros

Este libro ayuda a los niños en su desarrollo al permitirles practicar la lectura. Abajo están algunas preguntas guía para ayudar al lector a fortalecer sus habilidades de comprensión. En rojo hay algunas opciones de respuesta.

Antes de leer:

- ¿De qué pienso que trata este libro?
  - *Pienso que este libro es sobre el clima helado.*
  - *Pienso que este libro nos dice cómo se ve el clima helado.*
- ¿Qué quiero aprender sobre este tema?
  - *Quiero aprender de dónde viene el hielo.*
  - *Quiero aprender de qué está hecho el hielo.*

Durante la lectura:

- Me pregunto por qué...
  - *Me pregunto por qué el granizo puede ser grande o pequeño.*
  - *Me pregunto por qué el agua se convierte en hielo.*
- ¿Qué he aprendido hasta ahora?
  - *Aprendí que el agua puede convertirse en aguanieve.*
  - *Aprendí que el hielo puede formarse en el suelo o en las nubes.*

Después de leer:

- ¿Qué detalles aprendí de este tema?
  - *Aprendí que debe hacer mucho frío para que el agua se convierta en hielo.*
  - *Aprendí que el hielo puede formarse en el suelo, el aire o las nubes.*
- Lee el libro una vez más y busca las palabras del vocabulario.
  - *Veo la palabra **granizo** en la página 6 y la palabra **escarcha** en la página 13. Las demás palabras del vocabulario están en la página 14.*

¡Brrr! ¡Afuera todo está **cubierto de hielo**!

El **hielo** es agua congelada.

El hielo también puede formarse en las **nubes**.

Está cayendo **granizo**.

El granizo puede ser grande o pequeño.

El agua también puede convertirse en **aguanieve**.

¡El aire y el agua pueden crear **escarcha**!

Lista de palabras

Palabras de uso común

afuera	está	puede
de	grande	ser
el	las	también
en	o	todo
es	pequeño	y

Palabras para conocer

aguanieve

cubierto de hielo

escarcha

granizo

hielo

nubes

45 palabras

¡Brrr! ¡Afuera todo está **cubierto de hielo**!

El **hielo** es agua congelada.

El hielo también puede formarse en las **nubes**.

Está cayendo **granizo**.

El granizo puede ser grande o pequeño.

El agua también puede convertirse en **aguanieve**.

¡El aire y el agua pueden crear **escarcha**!

Crabtree Publishing Company

Written by: Douglas Bender
Designed by: Rhea Wallace
Series Development: James Earley
Proofreader: Janine Deschenes
Educational Consultant:
Marie Lemke M.Ed.
Translation to Spanish:
Pablo de la Vega
Spanish-language layout and proofread:
Base Tres
Print and production coordinator:
Katherine Berti

EL PRONÓSTICO DEL TIEMPO

HIELO

Photographs:
Shutterstock: Jaromir Chalabala: cover; Plus69: p. 1; Yekatseryna Netuk: p. 3, 14; Jake Hukee: p. 4; Ondra Vacek: p. 5, 14; Ikebana Art-studio: p.6-7, 14; hayim.bevzv: p. 9a; roseberry3; 9b; Evannovostro: p. 11, 14; Kimson: p. 12, 14

Library and Archives Canada Cataloguing in Publication
Title: Hielo / Douglas Bender ; traducción de Pablo de la Vega.
Other titles: Ice. Spanish
Names: Bender, Douglas, 1992- author. | Vega, Pablo de la, translator.
Description: Series statement: El pronóstico del tiempo | Translation of: Ice. | "Un libro de las raíces de Crabtree". | Text in Spanish.
Identifiers: Canadiana (print) 20210230894 | Canadiana (ebook) 20210230908 | ISBN 9781039616288 (hardcover) | ISBN 9781039616349 (softcover) | ISBN 9781039616400 (HTML) | ISBN 9781039616462 (EPUB) | ISBN 9781039616523 (read-along ebook)
Subjects: LCSH: Ice—Juvenile literature. | LCSH: Weather—Juvenile literature.
Classification: LCC QC926.37 .B4618 2022 | DDC j551.31—dc23

Library of Congress Cataloging-in-Publication Data
Names: Bender, Douglas, 1992- author. | Vega, Pablo de la, translator.
Title: Hielo / Douglas Bender ; traducción de Pablo de la Vega.
Other titles: Ice. Spanish
Description: New York, NY : Crabtree Publishing Company, [2022] | Series: El pronóstico del tiempo - un libro de las raíces de Crabtree | Includes index.
Identifiers: LCCN 2021024352 (print) | LCCN 2021024353 (ebook) | ISBN 9781039616288 (hardcover) | ISBN 9781039616349 (paperback) | ISBN 9781039616400 (ebook) | ISBN 9781039616462 (epub) | ISBN 9781039616523
Subjects: LCSH: Ice--Juvenile literature. | Weather--Juvenile literature.
Classification: LCC QC926.37 .B4618 2022 (print) | LCC QC926.37 (ebook) | DDC 551.57/8--dc23
LC record available at https://lccn.loc.gov/2021024352
LC ebook record available at https://lccn.loc.gov/2021024353

Crabtree Publishing Company
www.crabtreebooks.com 1-800-387-7650

Printed in the U.S.A./072021/CG20210514

Published in the United States
Crabtree Publishing
347 Fifth Avenue, Suite 1402-145
New York, NY, 10016

Published in Canada
Crabtree Publishing
616 Welland Ave.
St. Catharines, ON, L2M 5V6